Ursula Ritter

Bilderketten für die Weihnachtszeit

CHRISTOPHORUS
BRUNNEN-REIHE

SEIT MEHR ALS 30 JAHREN STEHT DER NAME „CHRISTOPHORUS“ FÜR KREATIVES UND KÜNSTLERISCHES GESTALTEN IN FREIZEIT UND BERUF. GENAUSO WIE DIESER BAND DER BRUNNEN-REIHE IST JEDES CHRISTOPHORUS-BUCH MIT VIEL SORGFALT ERARBEITET: DAMIT SIE SPASS UND ERFOLG BEIM GESTALTEN HABEN – UND FREUDE AN SCHÖNEN ERGEBNISSEN.

ISBN 3-419-55989-5

Redaktion: Elke Fox, Freiburg
Styling und Fotos: Christoph Schmotz, Freiburg
Reinzeichnungen: Carsten Schorn, Freiburg
Umschlaggestaltung: Network!, München
Lithos: Repro Fuchs, Salzburg
Druck: Freiburger Graphische Betriebe, 1998

CHRISTOPHORUS
BÜCHER MIT IDEEN

Inhalt

Frohe Weihnachten

Zu einer der Vorfreuden auf das Weihnachtsfest zählt besonders das gemeinsame Basteln. Es bringt Kindern und Eltern viel Spaß und trägt zur weihnachtlichen Stimmung bei. Viel Freude werden Sie sicher auch beim Anfertigen dieser Bilderketten haben, deren typisches Merkmal die Anordnung weihnachtlicher Motive übereinander an Fäden ist. Da gibt es funkelnde Sterne, festliche Kugeln, leckere Lebkuchen, wollige Schäfchen, lustige Nikoläuse und Schneemänner.

Die Verwendungsmöglichkeiten sind zahlreich: Sie können mit den Ketten Ihre Fenster und Türrahmen dekorieren, sie frei von der Zimmerdecke hängen lassen, als optischen Raumteiler verwenden oder damit den Weihnachtsbaum schmücken – in jedem Fall sind sie ein schöner Anblick.

Die Anzahl der Ketten und ihre Länge lassen sich beliebig variieren und individuell überall anpassen. Sie können auch verschiedene Themenketten miteinander kombinieren. Lassen Sie Ihrer Kreativität freien Lauf!

Viel Spaß und gutes Gelingen wünscht Ihnen

Ihre

Ursula Ritter

Hinweise und Tips

Hilfsmittel, die man zum Basteln braucht

- **Bleistift**
- **Kohlepapier oder Transparentzeichenpapier**
- **dünnen Karton für Schablonen**
- **große Schere**
- **kleine, spitze Schere**
- **Zirkel**
- **Lineal**
- **Bürolocher**
- **Klebstoff**

Weitere Materialien und Hilfsmittel, die nur bei einzelnen Arbeiten benötigt werden, sind bei den Einzelbeschreibungen erwähnt.

Vorlagen übertragen

Alle Motive sind auf dem Vorlagenbogen in Originalgröße wiedergegeben und können mit Kohlepapier direkt durchgepaust werden. Bei Motiven, die mehrmals benötigt werden, empfiehlt es sich, eine Schablone aus Karton herzustellen. Dafür gibt es zwei Methoden:

1. Das Motiv mit Kohlepapier vom Vorlagenbogen auf Karton pausen und ausschneiden.
2. Transparentzeichenpapier auf den Vorlagenbogen legen und das Motiv nachzeichnen. Das Transparent mit der Zeichnung flächig mit einem Klebestift auf Karton kleben und ausschneiden.

Die Schablone auf das Werkmaterial legen und die Umrisse nachzeichnen.

Tip: Bei Wellpappe das Motiv spiegelverkehrt auf die glatte Rückseite übertragen, dabei die Wellrichtung beachten.

Ausschneiden

Kinder schneiden mit einer vorne abgerundeten Bastelschere. Erwachsene verwenden eine kleine, spitze Schere. Beim Schneiden das Werkmaterial in der Hand drehen. Darauf achten, daß Bleistift- und Pauslinien weggeschnitten werden.

Locherpunkte und selbstklebende Markierungspunkte

Für Augenpunkte, Nasen usw. eignen sich mit dem Bürolocher gestanzte Papierpunkte oder selbstklebende Markierungspunkte, die es in verschiedenen Größen und Farben im Büro- und Schreibwarenhandel zu kaufen gibt. Sie ersparen das Ausschneiden von kreisrunden Scheiben aus Papier.

Tip: Packungen mit farbig sortierten Klebepunkten.

Teddybär

Abbildung Seite 6/7

Aufhängefaden

Die ausgeschnittenen Elemente der Themenkette nach der Abbildung auf der Arbeitsfläche anordnen. Den Abstand zwischen den einzelnen Elementen nach Augenmaß bestimmen. Die Teile dürfen sich später beim Drehen nicht berühren. Nun die einfache Länge des Aufhängefadens abmessen. Oben noch Faden für eine Aufhängeschlaufe zugeben.

Zusammenfügen der Einzelteile

Mit dem untersten Element beginnen. Bei deckungsgleich ausgeschnittenen Elementen (die Anzahl „2 x" ist auf den Vorlagen vermerkt) eine Innenseite des Motivs mit Klebstoff bestreichen und den Faden auf die optische Mittellinie legen. Faden festdrücken. Das passende zweite Motivteil deckend auflegen und anpressen.

1. Bärenkörper, Kopf und Arme zweimal aus braunem Fotokarton ausschneiden.

2. Kopf und Arme auf die Körper kleben und das Gesicht ausgestalten.

3. Geschenkekiste aus blauem Tonpapier ausschneiden, zusammenkleben und am Teddy anbringen. Anschließend beliebig mit Sternen bekleben und mit Spielzeug ausstatten.

4. Aus der Mikro-Wellpappe ein Rechteck ausschneiden, mit Geschenkband versehen und unter dem Arm des Teddys fixieren.

5. Den ausgestalteten Teddy auf das deckungsgleiche Teil kleben und dabei einen Aufhängefaden mit einfassen.

6. Die Sterne, Autos und Schaukelpferde nach der Vorlage ausschneiden. Die Teile jeweils deckungsgleich zusammenkleben, dabei den Aufhängefaden mit einfassen. Die Autos mit Fenstern und Reifen versehen.

Material

- **Fotokarton in Braun**
- **Tonpapier in Blau, Gelb, Rot, Grün, Reste in Weiß und Hellbraun**
- **Mikro-Wellpappe mit Sternen in Rot**
- **Rest von Mikro-Wellpappe, z.B. in Gelb**
- **selbstklebende Goldfolie**
- **Geschenkband in Blau**
- **Klebepunkte in Schwarz, 12 mm ∅**
- **Perlonfaden oder Nähgarn**

Hilfsmittel

siehe Seite 4, dazu:

- **Lackstift in Weiß**

Vorlage A

Kugeln und Glocken

Material

- **Tonpapier in Blau, Rot und Gelb, Reste in Grün und Weiß**
- **Abziehsternchen (Schmucketiketten) in Gold**
- **Geschenkband in Rot und Blau**

Hilfsmittel

siehe Seite 4, dazu:

- **Filzstift in Schwarz**

Vorlage B

❶ Die Kugeln und Glocken nach der Vorlage ausschneiden.

❷ Aus Tonpapierresten kleine Sterne ausschneiden und jeweils drei auf eine Kugel kleben.

❸ Die Glocken mit selbstklebenden Goldsternchen versehen.

❹ Aus weißen Tonpapierresten schmale, ca. 30 cm lange Streifen schneiden und als Schleifen unterhalb der Aufhängevorrichtung der Kugeln und Glocken fixieren.

❺ Die deckungsgleichen Formen zusammenkleben und dabei rotes oder blaues Geschenkband zum Aufhängen verwenden. Das Band jeweils durch die Aufhängevorrichtung der Kugeln und Glocken fädeln.

Material

- Fotokarton in Blau, Rot und Gelb
- Mikro-Wellpappe mit Sternen in Blau, Rot, Grün und Weiß
- Geschenkband in Blau, Gelb, Grün, Rot

Vorlage C

Nikolausstrümpfe

Strümpfe

❶ Strümpfe zweifach aus Fotokarton schneiden.

❷ Beide Teile eines Strumpfes spiegelbildlich ausarbeiten: Ferse, Strumpfspitze und -bündchen mit Mikro-Wellpappe verstärken. Am Bündchen ein Oval aus Fotokarton im Farbton des Strumpfes anbringen, das optisch das Innere des Strumpfes darstellt.

❸ Jeweils einen Strumpf mit seinem Gegenstück deckungsgleich zusammenkleben, dabei das Band einlegen.

Geschenke

❶ Aus Mikro-Wellpappe Quadrate mit 9 cm Seitenlänge ausschneiden.

❷ Geschenkband auf der Rückseite über Kreuz legen und auf der welligen Vorderseite mit einer Schleife zusammenbinden. Oder: Eine Geschenkbandschleife auf der welligen Seite unterhalb einer Kante fixieren.

❸ Quadrate mit Geschenkband dazwischen paarweise zusammenkleben.

Nikolaus mit Spielzeug

Nikolaus

1. Körper, Arme und Beine aus rotem Tonpapier, Stiefel aus schwarzem Tonpapier jeweils zweimal ausschneiden.

2. Arme und Beine am Körper, Stiefel an den Beinen fixieren.

3. Das Gesicht kreisrund aus beigefarbenem Tonpapier ausschneiden und am Kopf anbringen.

4. Aus weißem Tonpapier Hände, Pelzbesatz für Mantel, Ärmel, Hosen und Bart ausschneiden und an die entsprechenden Stellen kleben.

5. Das Gesicht ausgestalten.

6. Unter dem rechten Arm einen Teddy anbringen, daneben ein quadratisches Geschenk aus Mikro-Wellpappe und das Steckenpferd aus braunem Tonpapier.

7. Den Sack aus 3-D-Wellpappe anfertigen, mit Sternen aus Hologrammfolie bekleben und unter dem anderen Arm des Nikolaus am Körper befestigen.

8. Den ausgestalteten Nikolaus auf das spiegelverkehrte Gegenstück kleben und dabei blaues Geschenkband zum Aufhängen mit einfassen.

Teddys und Schlitten

1. Teddys, Schlitten und Trompeten aus Tonpapier ausschneiden.

2. Schlitten mit Geschenken aus Mikro-Wellpappe ausstatten, Geschenke mit Schleifen versehen.

3. Teddys und Trompeten deckungsgleich, Schlitten spiegelverkehrt zusammenkleben und Geschenkband mit einfassen.

Material

- Tonpapier in Rot, Weiß, Gelb, Braun, Beige, Schwarz
- 3-D-Wellpappe in Braun
- Mikro-Wellpappe mit Sternen in Grün, Weiß, Rot, Blau
- Wackelaugen, 8 mm ∅
- Hologrammfolie
- Klebepunkte in Rot und Weiß, 12 mm ∅
- Kräuselband in Rot
- Geschenkband in Blau

Hilfsmittel

siehe Seite 4, dazu:

- Filzstift in Schwarz

Vorlage D

Kerzen und Sterne

❶ Sterne, Tannenzweige und Flammen der Kerzen aus Tonpapier ausschneiden.

❷ Tannenzweige rundherum fein einschneiden.

❸ Für die Kerze ein Rechteck aus der Mikro-Wellpappe ausschneiden und an den kurzen Seiten zusammenkleben, dabei den Aufhängefaden mit einfassen.

❹ Kerzenflamme anbringen.

❺ Jeweils einen Stern und eine Kerze auf einen Tannenzweig kleben.

❻ Die Sterne mit eingefaßtem Aufhängefaden deckungsgleich zusammenkleben.

Material

- **Tonpapier in Gelb, Dunkelgrün**
- **Mikro-Wellpappe in Rot**
- **Perlonfaden oder Nähgarn**

Vorlage E

Schneemann

Material

- **Tonpapier in Weiß, Reste in Braun, Schwarz, Grau, Orange, Rot**
- **Mikro-Wellpappe in Blau**
- **Perlonfaden oder Nähgarn**

Hilfsmittel

siehe Seite 4, dazu:

- **Filzstift in Schwarz**
- **Lackstift in Weiß**

Vorlage F

1. Den Schneemann aus doppelt gelegtem Tonpapier ausschneiden.

2. Den Hut aus Mikro-Wellpappe herstellen. Die Hutkrempe gesondert ausschneiden und am Kopf befestigen.

3. Augen, Knöpfe, Mund und Nase aus Tonpapierresten schneiden und aufkleben.

4. Vogel und Ast aus Tonpapier ausschneiden. Den Vogel ausgestalten: einen Schnabel aus rotem Tonpapier aufkleben, das Auge mit weißem Lackstift aufmalen. Zusammen mit dem Ast auf den Schneemann kleben.

5. Die Maus aus grauem Tonpapier anfertigen. Das Gesicht mit schwarzem Filzstift gestalten und mit der Nikolausmütze ausstatten. Ohren aufrichten. Die Maus am Schneemann fixieren.

6. Den Körper des Schneemanns auf das deckungsgleiche Teil kleben und den Aufhängefaden mit einfassen.

7. Sterne und Schneebälle aus doppelt gelegtem Tonpapier ausschneiden und mit eingefaßtem Aufhängefaden zusammenkleben.

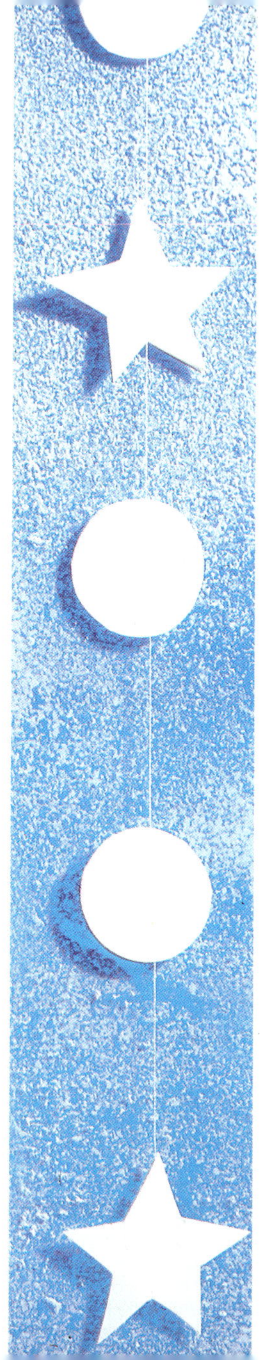

Schäfchen

❶ Die Sterne aus doppelt gelegtem Regenbogenpapier ausschneiden und mit eingelegtem Aufhängefaden deckungsgleich zusammenkleben.

❷ Körper und Köpfe der Schafe aus 3-D-Wellpappe anfertigen (Wellrichtung beachten), das Gesicht aus beigefarbenem Tonpapier.

❸ Zuerst das Gesicht auf den Körper kleben, dann die Ohren anbringen.

❹ Das Gesicht mit Filzstiften ausgestalten.

❺ Die Schäfchen auf die Sterne kleben.

Material

- **3-D-Wellpappe in Weiß**
- **Regenbogenpapier**
- **Tonpapierreste in Beige**
- **Perlonfaden oder Nähgarn**

Hilfsmittel

siehe Seite 4, dazu:

- **Filzstifte in Blau und Braun**

Vorlage G

Material

- Tonpapier in Hell- und Dunkelgrün, Gelb und Rot
- Mikro-Wellpappe mit Sternen in Rot
- Holzperlen in Rot, 7 mm ∅
- Moonrock in Braun
- Vivelle in Weiß
- Tannenzweige (ca. 6 cm lang)
- Bast in Rot

Vorlage H

Stiefel, Säckchen und Ilex

❶ Herzen und Sterne aus doppelt gelegtem Tonpapier, Säckchen aus Moonrock und Stiefel aus Mikro-Wellpappe ausschneiden, auf spiegelbildliche Formen achten.

❷ Alle zusammengehörenden Teile mit eingelegtem Bast deckungsgleich zusammenkleben. Bei den Blättern den Aufhängefaden jeweils zwischen einem hell- und einem dunkelgrünen Blatt verlaufen lassen.

❸ Die oberen Ilexblätter mit Holzperlen schmücken.

❹ Die Säckchen ausgestalten: Kleine Sterne aufkleben. Jeweils einen kleinen Tannenzweig mit rotem Bast um den Sackhals binden.

Sternschnuppen

❶ Sternschnuppen aus doppelt gelegtem Tonpapier ausschneiden.

❷ Die Tannenbäume in zwei Größen doppelt ausschneiden. Die kleineren, dunkelgrünen Bäume auf die größeren aus hellgrünem oder weißem Tonpapier kleben.

❸ Herzen und Sterne aus Tonpapier und Hologrammfolie ausschneiden und auf die Tannenbäume kleben.

❹ Alle Teile deckungsgleich zusammenkleben und das Geschenkband mit einfassen.

Material

- Tonpapier in Gelb, Weiß, Hell- und Dunkelgrün und Rot
- Hologrammfolienreste
- Geschenkband in Dunkelgrün

Vorlage 1

Sterne

❶ Sterne in verschiedenen Größen aus doppelt gelegtem Tonpapier und Hologrammfolie ausschneiden.

❷ Die Sterne aus Hologrammfolie auf die passenden Sterne aus Tonpapier kleben, so daß ein farbiger Rand stehen bleibt.

❸ Mit eingelegtem Goldfaden deckungsgleich zusammenkleben.

Material

- **Hologrammfolie**
- **Tonpapier in Blau, Gelb und Rot**
- **Goldfaden**

Vorlage J

Lebkuchen

Material

- **Fotokarton in Weiß**
- **Tonpapier in Hell- und Dunkelbraun, Orange und Rosa, Reste in Weiß**
- **Geschenkband in Rot und Blau**

Vorlage K

❶ Alle Lebkuchenformen zweifach aus Tonpapier und weißem Fotokarton ausschneiden.

❷ Die farbigen Lebkuchen auf ihre weißen Unterlagen kleben und verzieren.

❸ Brezeln aus doppelt gelegtem Tonpapier ausschneiden und mit Mandeln aus weißen Tonpapierresten versehen.

❹ Deckungsgleiche Teile mit eingelegtem Geschenkband zusammenkleben.

Eichhörnchen

Material

- **Mikro-Wellpappe in Braun**
- **Tonpapier in Hell- und Dunkelgrün, Hell- und Dunkelbraun, Weiß, Orange, Reste in Schwarz**
- **Rest von Watte oder Webpelz in Weiß**
- **Wackelaugen, 8 mm ∅**
- **Perlonfaden oder Nähgarn**

Hilfsmittel:

siehe Seite 4, dazu:

- **Filzstift in Schwarz**

Vorlage L

1. Den Körper des Eichhörnchens aus Mikro-Wellpappe ausschneiden, einmal davon spiegelbildlich. Das Gesicht mit Wackelaugen und schwarzen Tonpapierresten gestalten.

2. Auf den Schwanz ein deckungsgleiches Teil aus orangefarbenem Tonpapier, das rundherum fein eingeschnitten wird, kleben und darauf ein gleichförmiges, etwas kleineres Teil aus Wellpappe.

3. Das Eichhörnchen mit Blättern und Nüssen ausstatten. Etwas Watte oder Webpelzflaum an die Ohren kleben. Das Tier mit seinem spiegelverkehrten Gegenstück zusammenkleben, dabei den Aufhängefaden mit einfassen.

4. Schneeflächen aus weißem Tonpapier im Bereich der Füße auf Vorder- und Rückseite kleben.

5. Tannenzweige, Blätter, Hasel- und Walnüsse aus Tonpapier anfertigen. Tannenzweige rundherum fein einschneiden und beliebig kombinieren, dabei den Aufhängefaden zwischen zwei Motivteilen verlaufen lassen.

Lebkuchen-haus

❶ Die Hausform aus Tonpapier zweimal ausschneiden. Eine Schneeschicht aus Wellpappe an Dach und Unterkante anbringen.

❷ Die Hauswand mit Lebkuchen, Brezeln, Herzen und Sternen gestalten.

❸ Das Haus mit seinem deckungsgleichen Gegenstück zusammenkleben, dabei den Aufhängefaden mit einfassen.

❹ Schneeflocken und Eisblumen aus doppelt gelegtem Tonpapier ausschneiden und mit eingelegtem Faden zusammenkleben.

❺ Eisblumen mit Silberglitter verzieren.

Material

- **Tonpapier in Hell- und Dunkelbraun, Blau, Orange, Weiß**
- **Mikro-Wellpappe in Weiß**
- **festes Nähgarn**
- **Glitter in Silber**

Vorlage M

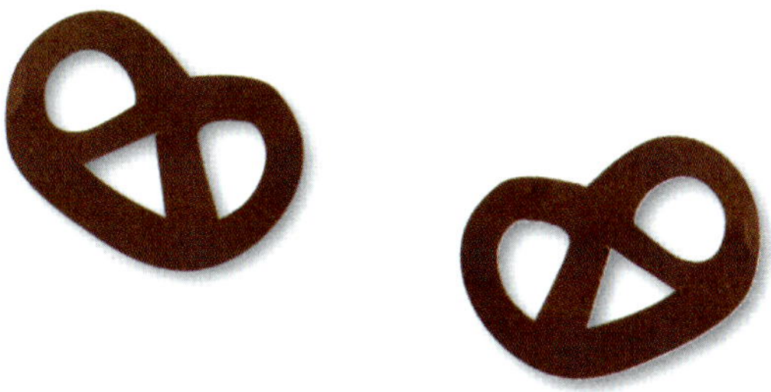

Neben dieser Auswahl aus der Brunnen-Reihe haben wir noch viele andere Bücher im Programm. Wir informieren Sie gerne - fordern Sie einfach unsere neuen Prospekte an:

- Bücher für Ihre Kinder: Basteln, Spielen und Lernen mit Kindern
- Bücher für Ihre Hobbys: Stoff und Seidenmalerei, Malen und Zeichnen, Keramik, Floristik
- Bücher zum textilen Handarbeiten: Sticken, Häkeln und Patchwork

3-419-56018-4

3-419-55971-2

3-419-55988-7

3-419-55828-7

3-419-55913-5

Wir sind für Sie da, wenn Sie Fragen zu AutorInnen, Anleitungen oder Materialien haben. Und wir interessieren uns für Ihre eigenen Ideen und Anregungen. Faxen, schreiben Sie oder rufen Sie uns an. Wir hören gerne von Ihnen! Ihr Christophorus-Verlag

Hermann-Herder-Str. 4 / 79104 Freiburg i. Breisgau

CHRISTOPHORUS
Bücher mit Ideen

Tel: 0761/2717-268 oder Fax: 0761/2717-35